BEI GRIN MACHT SICH IHR WISSEN BEZAHLT

- Wir veröffentlichen Ihre Hausarbeit,
  Bachelor- und Masterarbeit

- Ihr eigenes eBook und Buch -
  weltweit in allen wichtigen Shops

- Verdienen Sie an jedem Verkauf

Jetzt bei www.GRIN.com hochladen
und kostenlos publizieren

Bibliografische Information der Deutschen Nationalbibliothek:

Die Deutsche Bibliothek verzeichnet diese Publikation in der Deutschen National-
bibliografie; detaillierte bibliografische Daten sind im Internet über http://dnb.d-
nb.de/ abrufbar.

Impressum:

Copyright © 2006 GRIN Verlag, Open Publishing GmbH
Druck und Bindung: Books on Demand GmbH, Norderstedt Germany
ISBN: 9783668399402

Dieses Buch bei GRIN:

http://www.grin.com/de/e-book/114471/entwicklung-des-binnentourismus-in-der-
bundesrepublik-deutschland-seit

Verena Bayer

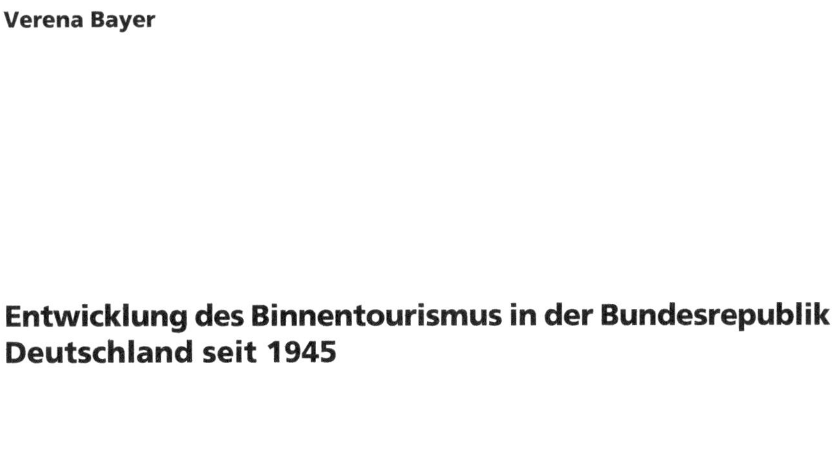

Entwicklung des Binnentourismus in der Bundesrepublik Deutschland seit 1945

GRIN Verlag

Rheinisch-Westfälische Technische

Hochschule Aachen

Geographisches Institut

Hauptseminar Tourismus in Deutschland

Sommersemester 2006

Entwicklung des Binnentourismus in der Bundesrepublik Deutschland
(seit 1945)

Inhaltsverzeichnis

1. Einleitung

„Das Reisen ist wahrscheinlich so alt wie die Menschheit selbst. Jedoch reisten die Menschen […] [früher] nur äußerst selten um des Reisens selbst willen. Schließlich bedeutete jede Reise, den Weg ins Unbekannte anzutreten und sich zahlreichen Gefahren auszusetzen." (Deutscher Tourismusverband 2002, S. 4)

Die folgende Arbeit befasst sich mit der Entwicklung des Binnentourismus in Deutschland von 1945 bis zur heutigen Zeit.
Dabei wird zu Beginn ein allgemeiner Überblick über die Bedeutung des Binnentourismus für die deutsche Wirtschaft gegeben, und es werden grundlegende Begriffe und Definitionen erklärt.

Im Hauptteil der Arbeit werden zunächst die Entwicklung des Binnentourismus in der BRD sowie in der DDR von 1945 bis zur Wiedervereinigung Deutschlands im Jahr 1990 vorgestellt, um anschließend die gemeinsame Entwicklung nach der Wiedervereinigung Deutschlands sowie aktuelle Entwicklungen im Binnentourismus aufzuzeigen.

Der Schlussteil stellt in einer kurzen Zusammenfassung die Entwicklung des Binnentourismus in Deutschland dar, gibt einen Ausblick in die Zukunft und zeigt mögliche Tendenzen und Entwicklungen des deutschen Binnentourismus.

2. Grundlagen und Definitionen

2.1 Der Tourismus und seine wirtschaftliche Bedeutung in Deutschland

Der Begriff Tourismus beschreibt die Gesamtheit der Beziehungen und Erscheinungen, die sich aus einem Ortswechsel und dem Aufenthalt von Personen ergeben, die am Aufenthaltsort weder hauptsächlich noch ständig leben und arbeiten.
Er führt zu alljährlichen Wanderbewegungen von Millionen von Menschen und sowohl zu soziokulturellen Begegnungen als auch zu Konfrontationen zwischen den Reisenden und den Einheimischen (Dettmer 1998, S.14f.).

Der Tourismus stellt einen erheblichen Wirtschaftsfaktor dar und gehört insgesamt zu den wichtigen Wachstumsbranchen in Deutschland (Bundesministerium für Wirtschaft 1998, S.6). „Eine Besonderheit der Branche liegt in ihrer Heterogenität. Zu ihr zählen Reiseveranstalter und Reisemittler, Transportunternehmen, Campingplatzbetreiber, Hotels- und Gaststätten, Sport- und Freizeitparks sowie Teile des Einzelhandels." (Bundesministerium für Wirtschaft 1998, S. 6) Diese Heterogenität führt dazu, dass der Tourismus eine bedeutende Position in der deutschen Wirtschaft einnimmt. Die Gesamtzahl der Beschäftigten in diesen unmittelbar und mittelbar dem Tourismus zugeordneten Bereichen beträgt heute etwa 4 Millionen (Deutsche Zentrale für Tourismus 2006, S. 5). Der Anteil der vom Tourismus abhängigen Arbeitsplätze an der Gesamtbeschäftigung liegt somit bei rund acht Prozent (Deutsche Zentrale für Tourismus 2004, S. 5). Die folgende Graphik zeigt den Anteil des Tourismus am Bruttoinlandsprodukt im Vergleich mit den anderen Staaten der EU. In Deutschland trägt die Tourismuswirtschaft ca. acht Prozent zur Entstehung des Volkseinkommens bei.

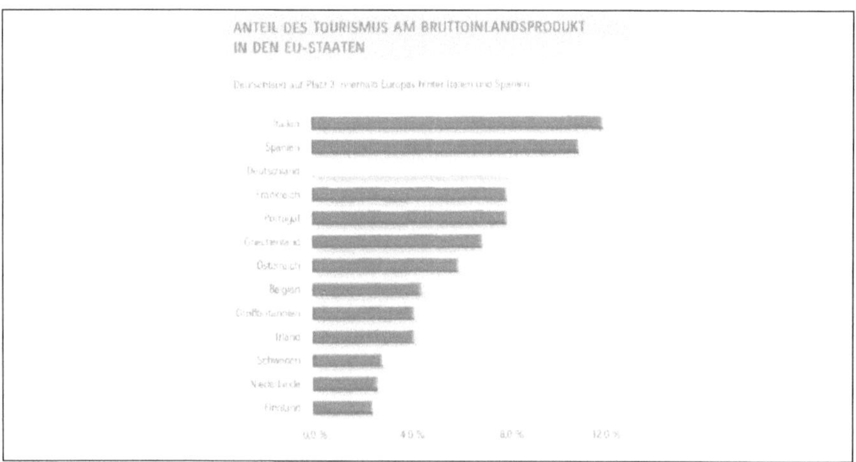

Abbildung 1: Anteil des Tourismus am BIP in den EU-Staaten
Quelle: Deutsche Zentrale für Tourismus 2004, S. 5

2.2 Binnentourismus

Nach den Reiseströmen und der Herkunft der Nachfrager touristischer Leistungen kann eine Segmentierung des touristischen Marktes vorgenommen werden, so dass man die im folgenden Modell dargestellten Grundformen des Tourismus unterscheiden kann (Dettmer 1998, S.52).

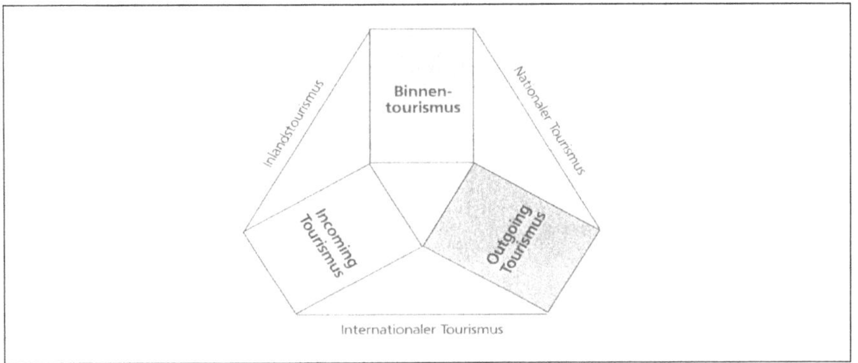

Abbildung 2: Tourismusformen aus der Sicht der Nachfrage

Quelle: Dettmer 1998, S. 52

Eine dieser Grundformen des Tourismus ist der Binnentourismus. Er zählt zur Tourismuskategorie des Inlandstourismus und beschreibt die Gesamtheit aller Phänomene, die sich aus der Reise oder dem Aufenthalt von Inländern im Inland ergeben, für die der Aufenthaltsort weder ständiger Wohn- noch Arbeitsort ist (Dettmer 1998, S.52).

2.3 Motivationen der Reisenden im Binnentourismus (Tourismusarten)

Nach der Motivation der Reisenden lässt sich eine Klassifizierung des Reiseverkehrs im Binnentourismus erstellen, da sich im Reiseverhalten das zugrunde liegende Motiv ausdrückt. Jedes einzelne Motiv muss aber nicht unbedingt alleinbestimmend für das Reiseverhalten sein, vielmehr sind es oftmals eine Vielzahl verschiedener Motive, die das Reiseverhalten jedes Einzelnen bestimmen. Aufgrund der Gliederung des Binnenreiseverkehrs nach der übergeordneten Motivsituation der Reisenden unterscheidet man drei verschiedene Tourismusarten: Den Erholungstourismus, den Messe-, Kongress- und Tagungstourismus und den Geschäfts- und Dienstreiseverkehr. Beim Erholungstourismus liegt das entscheidende Motiv für die Reise bei der Erholung, d.h. das Ziel dieser Reise ist sowohl die physische als auch die psychische Regeneration der Reisenden. Zum Erholungstourismus zählen demnach Urlaubsreisen, wie z.B. der Familienurlaub, aber auch der Gesundheits- und der Kurtourismus zur Erhaltung und Wiederherstellung der Gesundheit der Reisenden. Die Hauptmotive des Messe-, Kongress- und Tagungstourismus sind die Bildung und die Information des Reisenden. Zu ihnen zählen zusätzlich zu den Messereisen, die in regelmäßigen Intervallen zu demselben Standort stattfinden und ihm so eine dauerhafte Attraktivität verleihen, den Kongressreisen und den Tagungsreisen, die sich durch einen wechselnden Veranstaltungsort auszeichnen, auch Konferenzreisen, Seminarreisen und Schulungsreisen. Das Motiv des Geschäfts- und Dienstreiseverkehrs ist die Erledigung von dienstlichen und geschäftlichen Aufgaben und Aufträgen am Zielort (Luft 1996, S.16ff).

3. Entwicklung des Binnentourismus

3.1 Entwicklung des Binnentourismus in Deutschland von 1945 bis zur Wiedervereinigung im Jahr 1990

Nach dem Ende des zweiten Weltkrieges bestand in Deutschland zunächst nur ein geringes Interesse an touristischen Reisen, denn kaum einer mochte angesichts der existentiellen materiellen und seelischen Not an das Verreisen denken. Die Menschen waren sowohl mit der Sicherung ihrer Existenz als auch mit dem Wiederaufbau beschäftigt, und die, die unfreiwillig unterwegs waren, mussten aus heutiger Sicht unter unvorstellbar schlechten Bedingungen reisen (Deutscher Tourismusverband 2002, S. 8). Des Weiteren bestanden Bestimmungen der Besatzer, die das Reisen stark reglementierten, z.B. mussten bestimmte Kontrollpunkte passiert werden, und das Überschreiten einer Besatzungszonengrenze brachte erhebliche Schwierigkeiten mit sich.

Nur die Stadtbewohner, die in den deprimierenden Trümmerlandschaften lebten und somit die Folgen des Krieges immer vor Augen hatten, suchten die Flucht aus dem Aufbaualltag und verreisten, da Autos noch keine Selbstverständlichkeit waren, mit Bus oder Bahn ins Grüne. Übernachtet wurde am Urlaubsort in Pensionen oder in Zelten (Krempien 2000, S. 151).

Erst Ende der 40er Jahre setzte in Westdeutschland der touristische Aufschwung ein. Nach der langen Zeit des Krieges, die für die Menschen mit Entbehrungen verbunden war, gab es bei großen Teilen der Bevölkerung nun einen Nachholbedarf an Reisen. Auch wenn die langen Arbeitszeiten und die geringen Urlaubsansprüche die Entwicklung des Tourismus zunächst noch hemmten, so schuf doch der wirtschaftliche Aufschwung die materiellen Voraussetzungen für die erfolgreiche Entwicklung des Binnentourismus in Deutschland (Deutscher Tourismusverband 2002, S.8).

In den 50er Jahren dominierte der Binnentourismus weiter das Reiseverhalten der Deutschen, und die meisten Deutschen verbrachten somit ihren Urlaub im Inland. „Die beliebtesten Reiseziele waren [...] landschaftlich reizvolle Gegenden wie der Schwarzwald, der Bayerische Wald, der Bodensee, die Mittelgebirge und die [..] [Nord- und Ostseeküste].“ (Krempien 2000, S.153) Im Jahr 1954 unternahmen 24% der Bevölkerung, also ca. 9,3 Millionen Menschen eine Urlaubsreise. Davon verbrachten 85% der Reisenden ihren Urlaub im Inland. Bei der Verkehrsmittelwahl spielte die Bahn eine sehr bedeutende Rolle. 56% der Urlauber nutzten sie als Transportmittel zum Zielort. Etwa 19% reisten mit dem PKW in den Urlaub und nur 17% der Touristen nutzten den Bus. See- und Flugreisen waren bei der Verkehrsmittelwahl im Binnentourismus kaum von Bedeutung, da die zurückzulegenden Strecken meist relativ kurz und diese Reisen für viele unerschwinglich waren (Deutscher Tourismusverband 2002, S. 9).

Der Campingtourismus war Mitte der 50er Jahre die beliebteste Urlaubsform. Die Ansprüche der Reisenden an den Komfort waren noch relativ gering, und die finanziellen Mittel reichten oftmals nicht für kostspielige Übernachtungen in Hotels oder Pensionen, so dass sich der Campingurlaub auch aufgrund der zunehmenden Motorisierung immer größerer Beliebtheit erfreute. Wurde anfänglich noch häufig gezeltet, so begann Ende der 50er Jahre die Attraktivität des Wohnwagens immer mehr zu steigen, da er den Aufenthalt der Urlauber komfortabler und bequemer gestaltete, und außerdem der zeitaufwendige Zeltaufbau entfiel. Da mit dem Wohnwagen in Etappen angereist werden konnte, nahmen nun viele Urlauber weiter entfernte und meist im Ausland gelegene Ziele in Angriff. Der Binnentourismus erlebte dadurch erstmals eine kleine Schwächung, war aber immer noch dominierender Faktor im deutschen Tourismus (Krempien 2000, S.154).

Mit Beginn der 60er Jahre und dem Inkrafttreten des Bundesurlaubsgesetzes standen jedem Arbeitnehmer nun jährlich 18 Tage bezahlter Urlaub zu, so dass eine Reise für eine breitere Bevölkerungsschicht zur Selbstverständlichkeit wurde (Krempien 2000, S.159). Im Jahr 1960 unternahmen 28%, also etwa 11,8 Millionen Menschen eine Ferienreise. Aufgrund der zunehmenden Motorisierung fuhren davon schon 38% mit dem PKW an den Urlaubsort. Durch das verstärkte Angebot von preisgünstigen Charterflügen wurde das Ausland für deutsche Reisende immer beliebter, und der Binnentourismus verlor weiter an Bedeutung (Deutscher Tourismusverband 2002, S. 9). „Blieben 1960 noch 69 Prozent der Urlauber im Inland, so verreisten 1968 zum ersten Mal mehr westdeutsche Urlauber ins Ausland – nämlich 51 Prozent oder 8,6 Millionen Bundesbürger – als im Inland blieben." (Deutscher Tourismusverband 2002, S. 9)

In den 70er Jahren ließ sich ein neuer Trend im Binnentourismus Deutschlands erkennen. Der Trend zur Zweitreise. Weit überdurchschnittlich hatte die Anzahl der Reisenden zugenommen, die zweimal jährlich und öfter Reisen unternahmen. Waren es im Jahr 1969 noch 2,9 Millionen so stieg die Zahl bis auf 5,7 Millionen im Jahr 1978 (Tietz 1980, S.283). Die durchschnittliche Dauer einer solchen Reise betrug 5 bis 14 Tage. Längere Reisen führten häufiger ins Ausland, so dass die Reisedauer der Inlandsreisen kürzer war als die der Auslandsreisen (Tietz 1980, S.289). Die wichtigste Unterkunftsart bei Inlandreisen waren die Betriebe des Beherbergungswesens. Ebenfalls von großer Bedeutung waren Privatunterkünfte ohne Entgelt, da rund ein Fünftel aller Reisen - also etwa 4,6 Millionen - zu Verwandten oder Bekannten führten. Die Zahl der Campingurlaube stieg von 2 Millionen im Jahr 1970 bis auf 2,5 Millionen im Jahr 1978 um 25% an. „Von den Campingreisen hatten 71,2% ein Reiseziel im Ausland, 28,8% im Inland." (Tietz 1980, S. 297)

Der Binnentourismus verlor in den 70er Jahren weitere Anteile am gesamten Tourismusvolumen. „Von der Gesamtzahl aller Reisen (36,8 Mill.) entfielen im Jahre 1977/78 44,1% auf Inlandsreisen und 55,9% auf Auslandsreisen." (Tietz 1980, S. 290) Damit haben sich die Reiseziele auf Kosten des Binnentourismus weiter verschoben.

Das wichtigste Verkehrsmittel für die Ferienreise war weiterhin der PKW. Von Anfang der 70er bis Ende der 70er Jahre stieg die Anzahl der Reisen mit PKW um 48,9% auf 24,1 Millionen. Obwohl die Zahl der Bahnreisen sich im Laufe der 70er Jahre um 28,7% verringert hatte, wurden trotzdem noch 15,6% der Inlandsreisen im Jahr 1978, also knapp ein Viertel, mit der Bahn durchgeführt. Die Zahl derer, die mit dem Flugzeug anreisten, hatte sich von 2,1 Millionen im Jahr 1970 bis auf 4 Millionen Ende der 70er nahezu verdoppelt. Trotzdem blieb mit 3,1% der Anteil des Flugzeugs als Verkehrsmittel im Binnentourismus weiterhin eher von geringer Bedeutung (Tietz 1980, S.292).

Die 80er Jahre waren weiterhin durch die ungebremste Reiselust und eine steigende Reiseintensität der Deutschen geprägt. Wenn auch immer noch ein Großteil ihren Urlaub im eigenen Land verbrachten, so stieg die Zahl derer die eine Ferienreise ins Ausland bevorzugten doch weiter kontinuierlich an. Die beliebtesten Reiseziele des Binnentourismus waren Bayern, Schleswig-Holstein, Baden-Württemberg und Niedersachsen (Deutscher Tourismusverband 2002, S.10).

3.2 Entwicklung des Binnentourismus in der DDR von 1945 bis zur Wiedervereinigung im Jahr 1990

In der DDR wurde dem Tourismus eine bedeutende Rolle beigemessen. Jährlich unternahmen 70 bis 80 Prozent der Bürger eine Urlaubsreise mit einer durchschnittlichen Dauer von ca. 13 Tagen. 80 bis 90 Prozent dieser Reisen fielen in den Bereich des Binnentourismus, wobei die Ostseeküste, der Thüringer Wald, der Harz, das Erzgebirge und das Elbsandsteingebirge von größter Beliebtheit waren (Deutscher Tourismusverband 2002, S.46).

Ausreichende Freizeit und Erholung der Bürger wurde offiziell als Mittel zur Reproduktion des Arbeitsvermögens und damit zur Produktivitätssteigerung in der Wirtschaft angesehen. Deshalb sollte jedem Bürger unabhängig von dessen Einkommen eine Urlaubsreise ermöglicht werden, da diese auch eine Anreiz- und Belohnungsfunktion übernehmen konnten und der Pflege der sozialistischen Kultur dienten (Becker / Hopfinger / Steinecke 2003, S. 112). „Um diese gesellschaftspolitischen Ziele zu erreichen, wurde der Reisemarkt durch Staat und Partei entlang planwirtschaftlicher Maßgaben reglementiert und massiv subventioniert." (Becker / Hopfinger / Steinecke 2003, S. 112)

In den 50er Jahren wurden die privaten Eigentümer der Fremdenverkehrsbetriebe mehrheitlich enteignet, und das touristische Angebot wurde von vier staatlichen Anbietergruppen übernommen. Zu diesen zählten der Freie Deutsche Gewerkschaftsbund (FDGB), das staatliche Campingwesen, das staatliche Reisebüro der DDR und das Reisebüro der Freien Deutschen Jugend (FDJ). Bereits Ende der 50er Jahre war der Großteil der touristischen Leistungsträger, wie Reiseveranstalter und Beherbergungs- und Gastronomiebetriebe, verstaatlicht, so dass Individualreisen nur einen Anteil von 10 bis 20 Prozent ausmachten, da neben den staatlichen Unterkünften nur noch ein in geringem Umfang öffentlich zugängliches Beherbergungswesen existierte (Deutscher Tourismusverband 2002, S. 43).

Da der Auslandstourismus sich erst in den Anfängen befand, war der Anteil des Binnentourismus am gesamten Tourismusvolumen in den 50er Jahren der DDR so hoch, dass er fast ausschließlich den gesamten Tourismus ausmachte. Hauptreiseziele waren Campingplätze und Bungalowsiedlungen an der Ostseeküste und in den Seenplatten (Freyer 2001, S. 407).

In den 60er und 70er Jahren wurde die Fünf-Tage-Woche eingeführt und der bezahlte Mindesturlaub von 16 auf 21 Tage heraufgesetzt. Dies hatte zur Folge, dass den Bürgern mehr Freizeit zur Verfügung stand und dass deshalb der Tourismus weiter ausgebaut wurde. Aufgrund der fehlenden finanziellen Mittel war aber die Qualität und der Komfort des Angebots sehr niedrig (Becker / Hopfinger / Steinecke 2003, S.112f). „Eine Ausnahme bildeten jedoch einige Prestigeobjekte in den Ostseebädern und den Mittelgebirgsregionen sowie die Ferienunterkünfte der Partei und des Staatsapparates."(Becker / Hopfinger / Steinecke 2003, S.113) Auch die so genannten Intercampingplätze wiesen einen gehobeneren Standard auf und waren auch für Ausländer geöffnet (Deutscher Tourismusverband 2002, S. 45).
Durch den zunehmenden Ausbau des Auslandstourismus sank der Anteil des Binnentourismus, stellte aber immer noch den weitaus bedeutendsten Anteil am gesamten Tourismusvolumen dar.

In den 80er Jahren dominierte weiterhin der Binnentourismus das Freizeitverhalten in der DDR (Freyer 2001, S.407f). „Die problematische Regelung des nicht-freizügigen Reiseverkehrs ins Ausland [...] war eines der wichtigsten gesellschaftlichen Probleme, das in der Forderung nach Reisefreiheit und der gewaltlosen Revolution im Jahre 1989 seinen Ausdruck fand." (Freyer 2001, S. 408)
Auch der Umfang und die Qualität des touristischen Angebotes blieben weiterhin hinter der Nachfrage zurück. „Die DDR stand mit ca. 2,8 Hotelbetten pro 1000 Einwohner auf einem der letzten Plätze Europas (zum Vergleich Bundesrepublik Deutschland: 8,0 Betten pro Einwohner)." (Freyer 2001, S. 411) Deshalb nahm der Campingtourismus mit knapp 400000 Übernachtungsplätzen und mehr als zwei Millionen Besuchern jährlich einen herausragenden Anteil von 26% am gesamten Urlauberaufkommen ein (Deutscher Tourismusverband 2002, S. 45f).

Abbildung 3: Verteilung der Gäste nach Unterkunftsarten (im Jahr 1989)

Quelle: Deutscher Tourismusverband 2002, S. 46

Wie die folgende Graphik zeigt, überstieg aber auch hier die Nachfrage bei weitem das Angebot, so dass langfristige Voranmeldungen nötig waren und es häufig zu langen Wartezeiten kam.

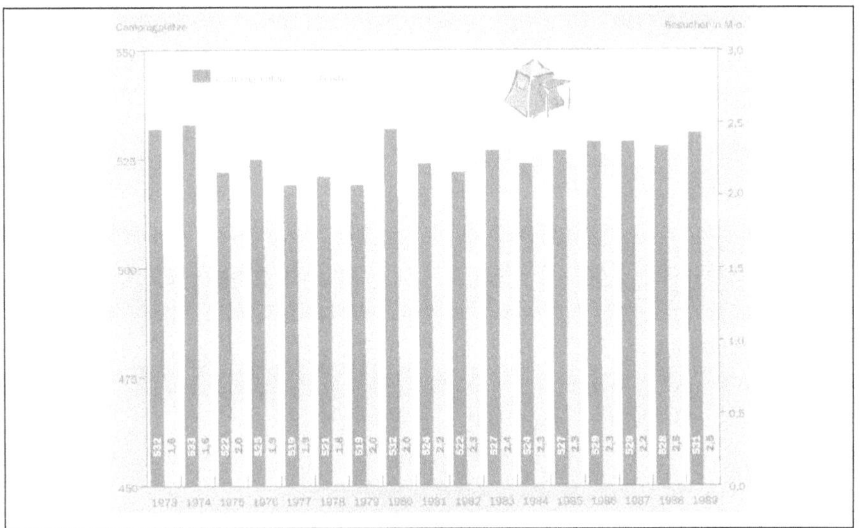

Abbildung 4: Staatliche Campingplätze der DDR und ihre Besucher

Quelle: Deutscher Tourismusverband 2002, S. 45

Aufgrund fehlender Planungen zu Urlaubsspitzenzeiten prägten erhebliche Versorgungsengpässe die inländischen Reiseziele und damit den Binnentourismus der DDR. Die Urlauber erhielten sogenannte Ferienchecks, die am Ferienort gegen Unterkunft und Verpflegung eingelöst wurden. Die von den Urlaubern aufzubringenden Leistungsentgelte hatten daher nur einen Symbolcharakter, da sie höchstens zu einem Drittel zur Kostendeckung der Reisen betrugen (Dettmer 1998, S. 232). Da die Vergabe der Urlaubsplätze durch die Ferienkommission der Betriebsgewerkschaftsleitung und der Betriebsleitung geregelt wurde, mussten deshalb insbesondere in den bevorzugten Urlaubsgebieten an der Ostsee oftmals jahrelange Wartezeiten in Kauf genommen werden. Des Weiteren unterlagen die vorhandenen Beherbergungs- und Gastronomiebetriebe einer hohen Abnutzung, wurden aber nur unzureichend renoviert und erneuert (Freyer 2001, S.408f).

Bei der Verkehrsmittelwahl dominierte die Bahn mit 40 Prozent und war das am meisten benutzte Verkehrsmittel, um an das Reiseziel zu gelangen, da häufig die Anreise mit der Bahn im Preis inbegriffen war. Der PKW folgte erst auf Rang zwei, und Flugreisen waren aufgrund der kurzen zurückzulegenden Distanzen kaum von Bedeutung (Deutscher Tourismusverband 2002, S. 46).

3.3 Entwicklung des Binnentourismus in den alten und neuen Bundesländern nach der Wiedervereinigung von 1990 bis 2005

Die Wiedervereinigung im Jahr 1990 hatte enorme Auswirkungen auf das touristische Verhalten der Deutschen in Ost und West und somit auch auf den Binnentourismus. „So rollten in den ersten Jahren zwei gegenläufige Reisewellen durch Deutschland, beide sowohl aus Gründen der Neugier, der Geschäfte und der Verwandtenbesuche." (Dettmer 1998, S. 235) Diese Reisewellen führten dazu, dass der bis dahin stetig sinkende Anteil der Inlandsreisen kurzfristig wieder sprunghaft auf ca. 40% anstieg.

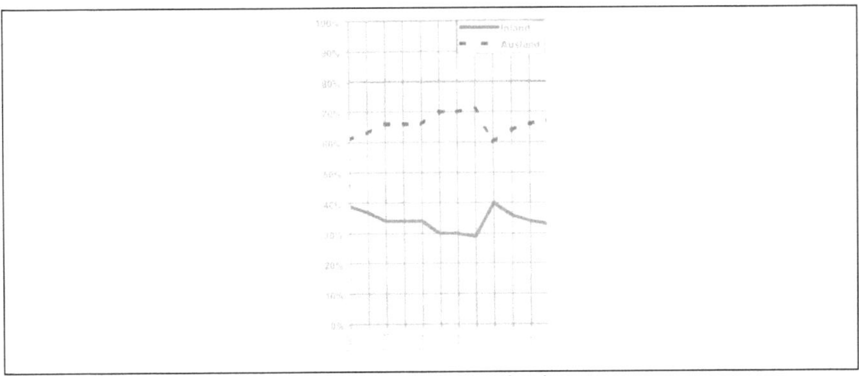

Abbildung 5: Entwicklung der Inlands- und Auslandsreisen

Quelle: Deutscher Reisebüro-Verband 1998, S.3

Bei der dann folgenden Entwicklung des binnentouristischen Reisemarktes bis zum Jahr 1996 kam es aber wieder zu einem rückläufigen Trend der Inlandsreisen bis hin zu einem Anteil von 30,2% (Deutscher Reisebüro-Verband 1998, S. 2).Wie das folgende Modell zeigt, hatte diese Entwicklung verschiedene Gründe.

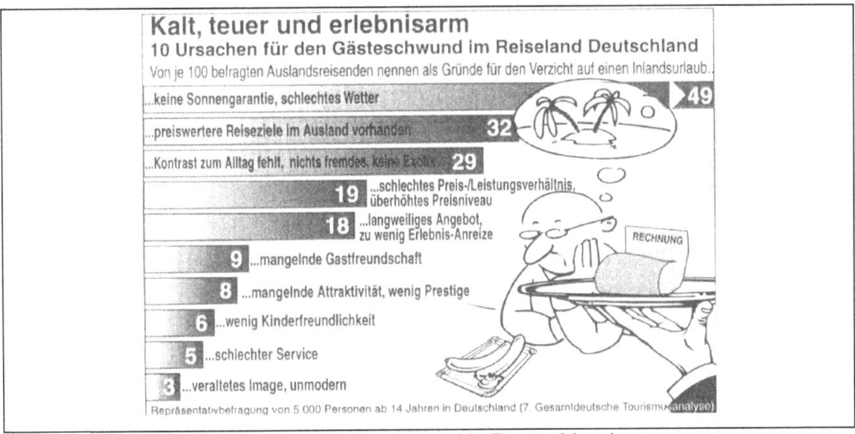

Abbildung 6: Ursachen für den Gästeschwund in Deutschland

Quelle: Dettmer 1998, S.234

Der wichtigste Grund für die Entscheidung der Reisenden, den Urlaub nicht in Deutschland zu verbringen sondern an einem ausländischen Urlaubsort, war das schöne Wetter, das ihnen dort garantiert wurde. Dieser Aspekt war für sehr viele Reisende Grundlage und Vorraussetzung für einen erholsamen Urlaub. Außerdem war es für eine Vielzahl der Deutschen wichtig, im Urlaub einen merkbaren Kontrast zum Alltag zu haben, und Reiseziele im Ausland boten dies oftmals schon sehr preisgünstig. Des Weiteren bewegten aber auch noch Faktoren wie ein schlechtes Preis-/Leistungsverhältnis, mangelnde Gastfreundschaft, wenig Kinderfreundlichkeit und ein schlechter Service im eigenen Land immer mehr deutsche Urlauber, ihre Ferienreise nicht in Deutschland zu verbringen.

Diese negative Entwicklung des Binnentourismus fand im Jahr 1997 erstmals ein Ende. Der Anteil der Inlandsreisen stieg wieder leicht auf einen Wert von 31,4% an (Deutscher Reisebüro-Verband 1998, S. 2). Dieser positive Trend setzte sich bis zu einem Wert von 35,9% im Jahr 2000 kontinuierlich fort (Deutscher Reisebüro und Reiseveranstalter Verband 2001, S. 1). Wie in der unten stehenden Graphik dargestellt ist, war ein Großteil der Inlandsreisen eher kurz mit einer Reisedauer von bis zu vier Tagen, wohingegen die Auslandsreisen meist von längerer Dauer waren.

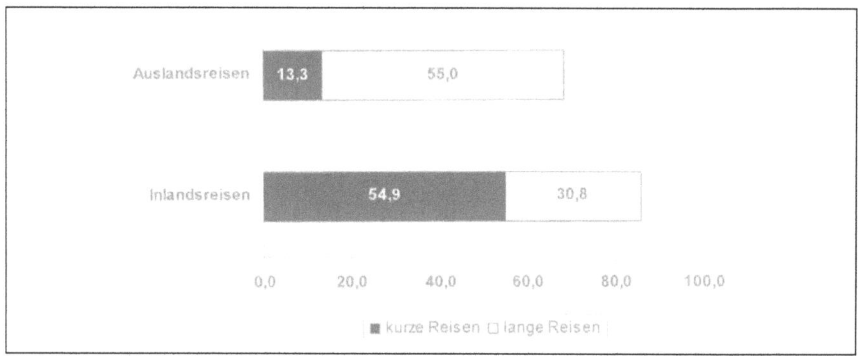

Abbildung 7: Urlaubsreisen der Deutschen (in Millionen) (kurze Reisen: Reisen bis vier Tage / lange Reisen: Reisen ab fünf Tagen)

Quelle: Deutscher Reisebüro und Reiseveranstalter Verband 2001, S. 8

Diese Reduzierung der Reisedauer entsprach dem Trend der Zweitreise und zeigte, dass die Deutschen mehrmals im Jahr Urlaub machten und vermehrt Kurzreisen und Wochenendreisen in Deutschland verbrachten, längere Urlaubsreisen aber oftmals ins Ausland führten. Die beliebtesten Ziele der Inlandsreisen waren sowohl die Nord- und Ostseeküste als auch die Alpen und Voralpen. Außerdem zählten Bayern und Baden-Württemberg zu den meist gewählten Reisezielen im Jahr 2000 (Deutscher Reisebüro und Reiseveranstalter Verband 2001, S. 1). Auch der Städtetourismus gewann im Zuge immer kürzerer und häufigerer Reisen an Beliebtheit. Allein in den deutschen Großstädten mit 100000 und mehr Einwohnern konnten Zuwächse von rund 34% seit dem Jahr 1993 verzeichnet werden (Deutscher Tourismusverband

2002, S. 35). Im Jahr 2000 belegte Berlin mit 8292587 inländischen Übernachtungen vor München mit 4405271 Übernachtungen den ersten Platz (Deutscher Tourismusverband 2002, S.26).

Inländische Gäste

Rang	Gemeinde	Übernachtungen
1	Berlin	8.292.587
2	München	4.405.271
3	Hamburg	3.701.372
4	Bad Füssing	2.636.176
5	Frankfurt a. M.	2.114.541
6	Dresden	2.069.547
7	Köln	2.013.487
8	Oberstdorf	1.778.828
9	Hannover	1.552.602
10	Binz	1.548.641

Abbildung 8: Rangliste nach Übernachtungen inländischer Gäste im Jahr 2000
Quelle: Deutscher Tourismusverband 2002, S. 26

Zurückzuführen waren diese positiven Entwicklungen im deutschen Binnentourismus zum einen auf verbesserte Werbe- und Marketingstrategien und zum anderen auf politische Unsicherheiten in einigen bedeutenden ausländischen Reisegebieten.

Nachdem in den vergangenen Jahren der Anteil der Inlandsreisen am gesamten Reisevolumen in Deutschland stetig gewachsen war, konnte sich dieser positive Trend im Jahr 2001 nicht mehr fortsetzen. Der Anteil des Binnentourismus ging um 1,5% auf 34,6% zurück. Die beliebtesten Reiseziele in Deutschland waren - wie schon in den Vorjahren - die Nord- und Ostseeküste, die Alpen und Voralpen, Bayern und Baden-Württemberg. Allerdings hatte die Nord- und Ostseeküste im Vergleich zum Jahr 2000 an Beliebtheit verloren (Deutscher Reisebüro und Reiseveranstalter Verband 2002, S. 1). Einzig bei den sehr kurzen Reisen ab einer Übernachtung konnten die Inlandsreisen weiterhin eine positive Entwicklung verzeichnen. „2001 waren rund 72 Prozent aller [...] Reisen Inlandsreisen und [nur] circa 28 Prozent Auslandsreisen." (Deutscher Tourismusverband 2002, S. 22)

Bei der Verkehrsmittelwahl gewann das Flugzeug aufgrund von immer günstigeren Angeboten der Fluggesellschaften an Bedeutung. Vergleicht man die Anzahl der Inlandspassagiere der letzten 40 Jahre, so lässt sich dieser Trend deutlich erkennen.

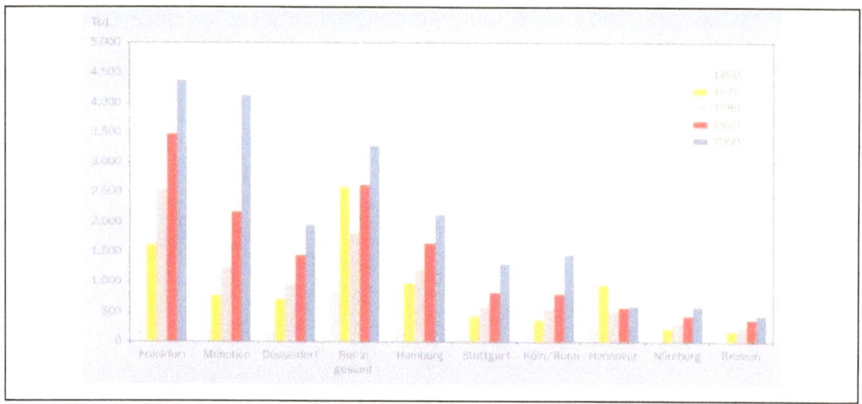

Abbildung 9: Entwicklung der Anzahl der Inlandspassagiere (Anmerkung: Berlin= B-Tegel, B-Schönefeld, B-Tempelhof)

Quelle: Deutscher Tourismusverband 2002, S.33

Auch der PKW war immer noch wichtiges Reiseverkehrsmittel. Sowohl Bus als auch Bahn spielten dagegen nur eine unbedeutende Rolle (Deutscher Reisebüro und Reiseveranstalter Verband 2002, S. 3).

In den folgenden Jahren blieb der Binnentourismus in Deutschland weiter rückläufig. Diese Abnahme hatte sowohl die schwache Konjunktur in Deutschland verbunden mit einer hohen Arbeitslosigkeit als auch die Rückgänge des Realeinkommens weiter Bevölkerungsschichten zur Ursache (Baratta 2003, S.1303). Im Jahr 2002 betrug der Anteil des Binnentourismus 34,5% und sank dann weiter auf einen Wert von 34,3% im Jahr 2003 (Deutscher Reisebüro und Reiseveranstalter Verband 2003, S.1 und Deutscher Reisebüro und Reiseveranstalter Verband 2004, S.1). Auch im Jahr 2004 ging der Anteil der Inlandsreisen stetig zurück, und der Trend zu einer verkürzten Reisedauer setzte sich fort. Die durchschnittliche Dauer einer Urlaubsreise im Inland betrug 11 Tage (Deutscher Tourismusverband 2005, S. 12). Zwar war Deutschland in diesem Jahr das bedeutendste Urlaubsziel der Deutschen, doch im Vergleich mit dem Auslandstourismus, der sich in diesem Jahr auf einem Rekordhoch befand, hatte der Binnentourismus in Deutschland weiter verloren (Deutscher Tourismusverband 2005, S. 11).

Im Osten Deutschlands war die Tourismuswirtschaft nach der Wiedervereinigung im Jahr 1990 eine der wenigen dynamischen Wachstumsbranchen.

Der große Nachholbedarf der DDR-Bürger nach Reisen und die hohe Symbolkraft, die in der Möglichkeit lag, über Reiseziel und -form frei zu entscheiden, führte dazu, dass trotz der begrenzten finanziellen Möglichkeiten der Reisenden die Urlaubsreiseintensität der Ostdeutschen im Jahr 1990 mit einem Wert von 73,1% über dem Wert der Westdeutschen lag (Becker / Hopfinger / Steinecke 2003, S. 117).

Kennziffern	Ostdeutsche					1990-2000 (%)
	1990	1993	1995	1997	2000	
Urlaubsreiseintensität (%)						
Ostdeutsche	73,1	76,7	79,1	73,5	73,4	0,4
Westdeutsche	68,2	75,0	77,5	74,6	76,5	9,4
Kurzurlaubsreiseintensität (%)						
Ostdeutsche	51,3	48,2	39,8	48,0	38,7	-24,6
Westdeutsche	37,0	41,0	35,8	44,0	32,3	18,9
Dauer der HU (Tage)						
Ostdeutsche	16,2	13,1	12,8	12,1	12,1	-25,3
Westdeutsche	17,3	16,4	16,1	15,8	14,3	-8,7
Kosten der HU pro Person (DM)						
Ostdeutsche	521	k.A.	1061	1105	1334	156,0
Westdeutsche	1370	k.A.	1502	1505	1601	16,9

HU = Haupturlaubsreise

Abbildung 10: Reiseverhalten der Ost- und Westdeutschen (1990-2000)
Quelle: Becker / Hopfinger / Steinecke 2003, S. 117

Anfang der 90er Jahre gab es noch erhebliche Unterschiede im Urlausreiseverhalten der Ostdeutschen im Vergleich mit dem der Westdeutschen. Der Binnentourismus spielte in den neuen Bundesländern weiterhin eine sehr bedeutende Rolle. „Die Ursache hierfür bestand u.a. in der Tatsache, dass für das [Jahr] 1990 wie üblich bereits ein Jahr zuvor Feriechecks vergeben worden waren."(Becker / Hopfinger / Steinecke 2003, S. 116) Der weitaus größte Anteil an den 9,7 Millionen Reisen, die bis Ende August 1990 durchgeführt worden waren, entfiel mit 3,9 Millionen Reisen demnach auf das Gebiet der ehemaligen DDR. Zusätzlich verbracht fast jeder Dritte (ca. 3,1 Millionen Reisen) eine Urlaubsreise in den alten Bundesländern, die häufig mit Verwandten- und Bekanntenbesuchen verbunden waren (Schmidt / Mundt / Lohmann 1990, S. 55).

Basis: alle Reisen	Reisen zwischen 1.1.-31.8.1990	Reisen zwischen 1.9.-31.12.1990	Insgesamt
Gebiete der ehemaligen DDR	3,9	0,8	4,7
Gebiete der ehemaligen BRD	3,1	1,3	4,4
Gebiete im Ausland	1,5	0,9	2,4
keine Angabe/ Reiseziel noch nicht bekannt	1,2	0,4	1,6
Reisen insgesamt	9,7	3,4	13,1

Abbildung 11: Reiseziele der 1. bis 3. Urlaubsreise (in Millionen)
Quelle: Schmidt / Mundt / Lohmann 1990, S. 56

Die Reiseziele in den alten Bundesländern ließen erkennen, dass für die Reisenden aus den neuen Bundesländern sowohl die Attraktivität des Urlaubsortes und die Kosten der Reise von großer Bedeutung waren, dass aber auch die Erreichbarkeit z.B. mit dem PKW eine große Rolle spielte. Bayern lag mit 25 Prozent und 1,1 Millionen Reisen an der Spitze der beliebtesten Reiseziele des Jahres 1990. Danach folgte Hessen mit 15 Prozent. Platz drei belegte Baden-Württemberg mit 11 Prozent und 500000 Reisen. Auf dem letzten Platz befand sich Schleswig-Holstein mit nur 300000 Reisen (Schmidt / Mundt / Lohmann 1990, S. 56f).

Bei der Verkehrsmittelwahl spielte das Flugzeug aufgrund der relativ kurzen zurückzulegenden Strecken kaum eine Rolle, vielmehr dominierten sowohl der PKW als auch weiterhin die Bahn (Becker / Hopfinger / Steinecke 2003, S. 116).

In der Zeit bis zum Jahr 1999 vollzog sich im Osten Deutschland ein tiefgreifender Strukturwandel im Beherbergungsgewerbe. Die ehemals staatlichen Betriebe wurden privatisiert, und die Zahl der gewerblichen Beherbergungsbetriebe verdoppelte sich von 4069 im Jahr 1993 auf 8232, wobei sich die Größe der Betriebe allerdings auf durchschnittlich 56 Betten verringerte und sich somit der Durchschnittsgröße von 43 Betten im Westen Deutschlands anglich. Im Jahr 1999 machte das Bettenangebot in den neuen Bundesländern bereits 18,4% des gesamten Bettenangebotes in Deutschland aus. Somit unterschied sich die Bettendichte in Ostdeutschland nicht mehr von der in den alten Bundesländern (Becker / Hopfinger / Steinecke 2003, S. 117f).

Der rasanten Entwicklung der Beherbergungsbetriebe konnte der Campingtourismus nicht folgen. Dies führte dazu, dass im Jahr 2000 auf eine Campingplatzübernachtung bereits 12,3 Übernachtungen in gewerblichen Beherbergungsbetrieben entfielen, nachdem es im Jahr 1993 noch 6,1 Übernachtungen waren. Die ehemals bedeutende Position, die der Campingtourismus im Osten Deutschlands eingenommen hatte, war nun stark rückläufig und damit zunehmend unbedeutender für den Tourismus in den neuen Bundesländern (Becker / Hopfinger / Steinecke 2003, S. 121).

Auch das ostdeutsche Reiseverhalten hatte sich einer starken Wandlung unterzogen und sich immer mehr demjenigen der Westdeutschen angeglichen. Wie die folgende Darstellung zeigt, verlor der Binnentourismus für die Ostdeutschen bis zum Jahr 2000 mehr und mehr an Bedeutung. „Mittlerweile führ[t]en 62% aller Urlaubsreisen in das Ausland, 21% in die alten und 17% in die neuen Bundesländer."(Becker / Hopfinger / Steinecke 2003, S. 116)

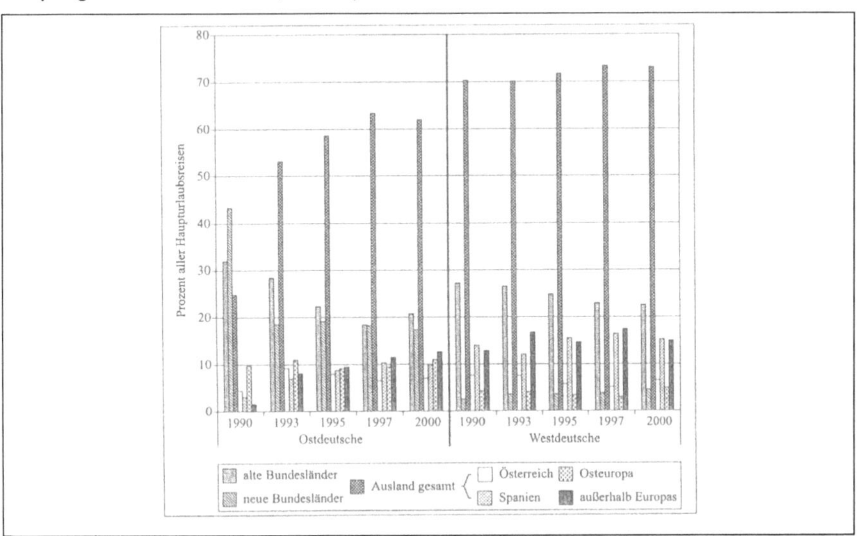

Abbildung 12: Haupturlaubsreiseziele der Ost- und Westdeutschen (1990-2000)
Quelle: Becker / Hopfinger / Steinecke 2003, S. 118

Nach wie vor zeigten sich jedoch auch Unterschiede im Reiseverhalten der Ostdeutschen im Vergleich mit dem der Westdeutschen Urlauber. So waren z.B. die Urlaubsreisen der Ostdeutschen sowohl durchschnittlich drei Tage kürzer als auch preiswerter (Becker / Hopfinger / Steinecke 2003, S. 116f). „Bei den Ostdeutschen [..] [war] darüber hinaus der Anteil des Reisebusses mit 16% aller Verkehrsmittel auffallend hoch, während die Eisenbahn sogar mittlerweile eine geringere Bedeutung [..] [hatte] als für Westdeutsche."(Becker / Hopfinger / Steinecke 2003, S. 116)

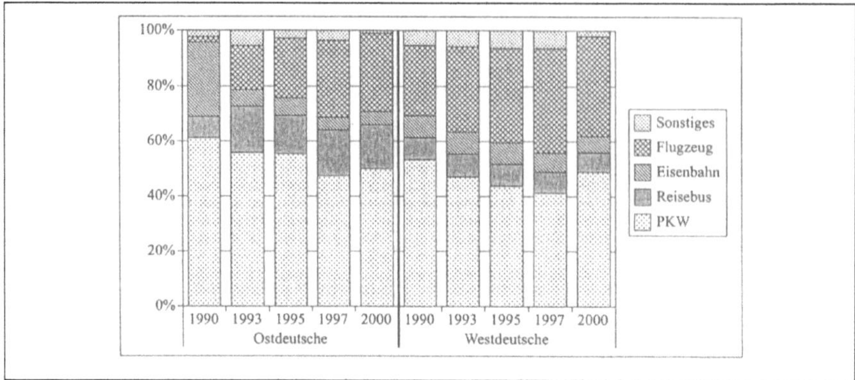

Abbildung 13: Verkehrsmittel der Haupturlaubsreisen der Ost- und Westdeutschen (1990-2000)

Quelle: Becker / Hopfinger / Steinecke 2003, S. 119

Aufgrund der abnehmenden Bedeutung des Binnentourismus für die Ostdeutschen und der damit verbundenen Zunahme der Auslandsreisen erhöhte sich der Anteil des Flugzeugs bei den Reiseverkehrsmitteln von etwa zwei Prozent im Jahr 1990 auf rund 28 Prozent im Jahr 2000 (Becker / Hopfinger / Steinecke 2003, S.116ff).

Betrachtet man die Aufteilung der Nachfrager im Binnentourismus der neuen Bundesländer im Jahr 2000 nach ihrem jeweiligen Herkunftsort, so erhält man eine scheinbar ausgewogene Relation mit ca. 55% der Urlauber, die aus dem Osten Deutschlands stammen, und 45% aus den alten Bundesländern. Diese Aufteilung steht allerdings in einem starken Missverhältnis, da nur etwa 18% der Bevölkerung Deutschlands in den neuen Bundesländern leben aber 82% in den alten Bundesländern. Somit verbrachten nicht einmal 5% der Westdeutschen ihre Haupturlaubsreise im Osten, während aber 21% der neuen Bundesbürger in die alten Bundesländer verreisten. Es war also bei weitem nicht gelungen, das große Potenzial der westdeutschen Urlauber für die ostdeutschen Urlaubsreiseziele zu gewinnen (Becker / Hopfinger / Steinecke 2003, S.123). Die durchschnittliche Auslastung in ostdeutschen Beherbergungsbetrieben blieb also hinter der Auslastung von 36,6% derjenigen im Westen zurück. Das Wachstum Ost ging daher bei weiterhin schlechter Bettenauslastung von oftmals unter 30% schon seit 2003 in eine Schrumpfung über (Neues Deutschland 11.03.2006).

3.4 Aktuelle Entwicklungen im Binnentourismus

Im Jahr 2005 setzte sich die Entwicklung im Binnentourismus der Vorjahre fort, d.h. der Anteil der Inlandsreisen am gesamten Reisevolumen der Deutschen ging weiter zurück, und nur noch 32 Prozent der Bundesbürger verbrachten ihren Urlaub im eigenen Land (Gruner+Jahr AG & Co KG 2006).

Abbildung 14: Urlaubsreiseziele der Deutschen im Jahr 2005

Quelle: Gruner+Jahr AG & Co KG 2006

Verursacht wurde dieser Rückgang der Inlandsreisen aufgrund des starken Wachstums der Auslandsreisen, welches zum einen durch Wohlstandssteigerungen und zum anderen durch die sich rasant ausbreitenden Low-Cost-Angebote für Urlaube im Ausland ausgelöst wurde (IPK International – World Travel Monitor Company Ltd. 2006, S. 1). Der Binnentourismus hat zwar gegenüber dem Auslandtourismus weiter an Bedeutung verloren, aber trotz dieses Rückgangs im Vergleich mit ausländischen Urlaubsländern war Deutschland immer noch das beliebteste Reiseziel der Deutschen.

Das beliebteste Urlaubsreiseziel im Inland war - wie auch schon in den Jahren zuvor – Bayern, gefolgt von Mecklenburg- Vorpommern, Schleswig- Holstein und Niedersachsen. Auf dem fünften Platz befand sich Baden-Württemberg. Über ¾ aller

Inlandsurlaubsreisen verteilten sich somit auf nur fünf Bundesländer (Forschungsgemeinschaft Urlaub und Reisen 2006, S. 4).

Bei der Verkehrsmittelwahl setzte sich der Trend der letzten Jahre fort. Mit 73,4% erreichten PKW und Wohnmobil den höchsten Wert. Bus und Bahn spielten mit 9,7% und 14,5% eine eher geringe Rolle, und das Flugzeug blieb im Gegensatz zum Auslandstourismus weiterhin unbedeutend für die Verkehrsmittelwahl im Binnentourismus. Bei den Unterkünften dominierten sowohl Ferienwohnung und Ferienhaus mit 33,8% als auch Hotel und Gasthof mit 29,2%. Der Campingtourismus hatte mit einem Anteil von nur 6,9% weiterhin an Bedeutung verloren.

Der Trend zu immer kürzeren Reisen ließ sich auch im Jahr 2005 erkennen. Die durchschnittliche Reisedauer einer Inlandsreise nahm auf rund 10,6 Tage ab. Diese waren damit deutlich kürzer als Urlaubsreisen ins Ausland mit einer durchschnittlichen Reisedauer 13,4 Tagen (Forschungsgemeinschaft Urlaub und Reisen 2006, S. 5).

4. Zusammenfassung und Ausblick

„Deutschland präsentiert sich heute als erfolgreiches Urlaubs- und Reiseland." (Deutscher Tourismusverband 2002, S. 4) Seine landschaftliche und kulturelle Vielfalt bewegt jedes Jahr Millionen von Deutschen, ihren Urlaub im eigenen Land zu verbringen (Deutscher Tourismusverband 2002, S. 4). Die Entwicklung des Binnentourismus bis zur heutigen Form ist eng mit dem wirtschaftlichen Aufschwung in der Bundesrepublik Deutschland verbunden. Gestiegene Einkommen und mehr Urlaub und Freizeit bildeten die wichtigste Grundlage Auch in der DDR wurde dem Tourismus schon immer eine bedeutende Rolle beigemessen. Aufgrund der hohen Reiseintensität der DDR Bürger aber fehlender Reisefreiheit wurde der Binnentourismus enorm gestärkt. Die Wiedervereinigung Deutschlands löste einen erneuten Boom der Inlandsreisen aus, da nun zwei gegenläufige Reiseströme Deutschland erfassten. Seitdem verlor der Binnentourismus in Ost und West zunehmend an Bedeutung.

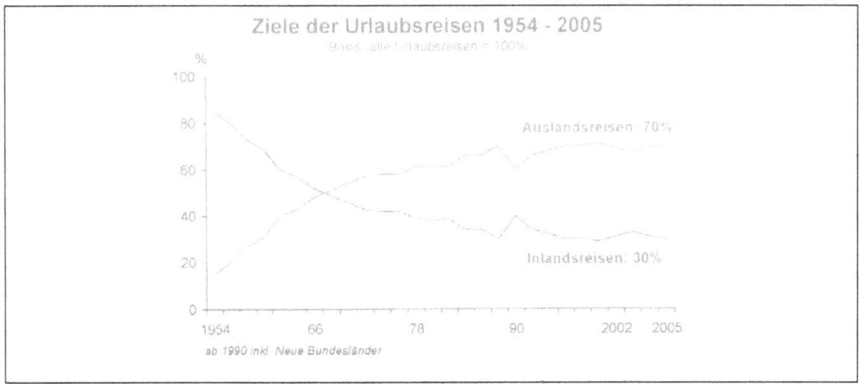

Abbildung 15: Urlaubsreiseziele der Deutschen 1954 - 2005

Quelle: Forschungsgemeinschaft Urlaub und Reisen 2006, S. 2

Zwar ist Deutschland nach wie vor das beliebteste Urlaubsland der Deutschen, doch preisgünstige Angebote locken immer mehr deutsche Urlauber, ihre Ferienreise im Ausland zu verbringen, so dass die Anteile der Inlandsreisen im Vergleich zu denen der Auslandsreisen in den letzten Jahren immer weiter bis auf etwa 30 Prozent bezogen auf die Gesamtreisetätigkeit der Deutschen zurückgegangen sind.

Um diesen rückläufigen Trend der Inlandsreisen aufzuhalten und den Binnentourismus weiter zu stärken, müssen künftig Konzepte und Strategien entwickelt werden, die die Angebote der Binnentourismusbranche den steigenden Ansprüchen der Nachfrager anpassen und die touristische Infrastruktur in Deutschland modernisieren und ausbauen (Dettmer 1998, S. 234).

Mit einer merklichen Qualitätssteigerung und einer klaren Differenzierung des touristischen Angebotes, z.B. auf Städtereisen, Aktiv-Urlaub und Wellnessreisen, kann das Reiseziel Deutschland wieder für mehr Deutsche an Beliebtheit gewinnen. Auch die Spezialisierung auf bestimmte Zielgruppen, wie z.B. Singles, Senioren oder Familien, könnte für diese den Urlaub im eigenen Land attraktiver gestalten, da sie aufgrund von speziellen Angeboten gezielt angesprochen werden (Deutscher Tourismusverband 2002, S. 11). Besonders die Gruppe der Senioren lässt hier einen Wachstumstrend im Binnentourismus Deutschlands erhoffen, da der Anteil älterer Menschen in der Bevölkerung immer mehr zunimmt und diese finanziell unabhängig sind, über ausreichend Freizeit verfügen und häufig keine weiten Urlaubsreisen ins Ausland unternehmen wollen.

Die Zukunft des Binnentourismus wird daher stark davon abhängen, wie es gelingt, Deutschland nicht nur den touristischen Erfordernissen in Angebot und Organisation anzupassen, sondern auch die Attraktivität als Urlaubsziel für die Deutschen zu steigern.

Literaturverzeichnis

Baratta, M. von (Hrsg.) (2003): *Der Fischer Weltalmanach 2004.* Frankfurt am Main.

Becker, C. / Hopfinger, H. / Steinecke, A. (Hrsg.) (2003): *Geographie der Freizeit und des Tourismus.* München.

Bundsministerium für Wirtschaft (Hrsg.) (1998): *Tourismusbericht der Bundesregierung.* Kein Ort.

Dettmer, H. (Hrsg.) (1998): *Tourismuswirtschaft – Arbeitsbuch für Studium und Praxis.* Köln.

Deutsche Zentrale für Tourismus (Hrsg.) (2004): *Incoming-Tourismus Deutschland; Zahlen-Fakten-Daten 2003.* Dieburg.

Deutsche Zentrale für Tourismus (Hrsg.) (2006): *Incoming-Tourismus Deutschland; Zahlen-Fakten-Daten 2005 (ITB-Ausgabe).* Dieburg.

Deutscher Reisebüro-Verband (Hrsg.) (1998): *Fakten und Zahlen zum deutschen Reisemarkt.* Frankfurt am Main.

Deutscher Reisebüro und Reiseveranstalter Verband (Hrsg.) (2001): *Fakten und Zahlen zum deutschen Reisemarkt.* Berlin.

Deutscher Reisebüro und Reiseveranstalter Verband (Hrsg.) (2002): *Fakten und Zahlen zum deutschen Reisemarkt.* Berlin.

Deutscher Reisebüro und Reiseveranstalter Verband (Hrsg.) (2003): *Fakten und Zahlen zum deutschen Reisemarkt.* Berlin.

Deutscher Reisebüro und Reiseveranstalter Verband (Hrsg.) (2004): *Fakten und Zahlen zum deutschen Reisemarkt.* Berlin.

Deutscher Tourismusverband (Hrsg.) (2002): *100 Jahre DTV – Die Entwicklung des Tourismus in Deutschland 1902-2002.* Bonn.

Deutscher Tourismusverband (Hrsg.) (2005): *Tourismus in Deutschland; Zahlen-Daten-Fakten 2004.* Bonn

Forschungsgemeinschaft Urlaub und Reisen (Hrsg.) (2006): *Präsentationscharts RA 2006 (Auswahl).* Abrufbar unter: http://www.fur.de/downloads/EERA06-Handout.pdf

Forschungsgemeinschaft Urlaub und Reisen (Hrsg.) (2006): *Reiseanalyse Aktuell.* Kiel.

Freyer, W. (2001): *Tourismus - Einführung in die Fremdenverkehrsökonomie.* München; Wien.

Gruner+Jahr AG & Co KG (Hrsg.) (9.3.2006): *Am schönsten ist`s im eigenen Land.* In: Stern, Heft Nr.11. Hamburg.

IPK International – World Travel Monitor Company Ltd. (Hrsg.) (10.03.2006): *Weltweite Reisetrends 2005.* Abrufbar unter: http://www.ipkinternational.com/fileadmin/Media/documents/news/ITB_Pressemitteilung_06.pf

Krempien, P. (2000): *Geschichte des Reisens und des Tourismus.* Limburgerhof.

Luft, H. (1996): *Grundlegende Tourismusbetriebslehre.* Limburgerhof.

Neues Deutschland (Hrsg.) (11.03.2006): *Branche schrumpft bereits; Nach Dynamik schlägt Osten-Realität zurück.* Berlin. Abrufbar unter: http://www.nd-online.de/funkprint.asp?AID=87042&IDC=32&DB=

Schmidt, H. / Mundt, J. W. / Lohmann, M. (Hrsg.) (1990): *Die Reisen der neuen Bundesbürger – Pilotuntersuchung zum Reiseverhalten in der frühen DDR.* Starnberg.

Statistisches Bundesamt (Hrsg.) (2004): *Statistik der Beherbergung im Reiseverkehr.* Kein Ort.

Tietz, B. (1980): *Handbuch der Tourismuswirtschaft.* München.